U0080673

用保鮮盒就能做麵包
免揉！ 簡單！
不失敗！

保鮮盒裡誕生的麵包們

Yasainohi 著

瑞昇文化

前言

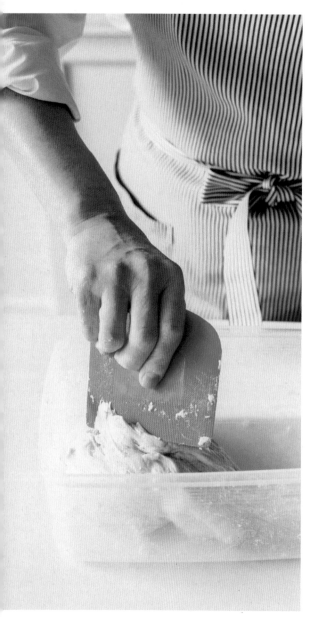

很多人都覺得「做麵包很難」。感覺做麵團的時候必須用力搓揉好幾十次，甚至要甩打麵團，似乎很費力。一想到手上會黏滿麵團，整間廚房充斥著麵粉，肯定不少人在開始前就決定放棄。當然，也有人挑戰做麵包卻因為不成功，變得心裡有陰影不敢再嘗試。

請各位別因此放棄。觀看我YouTube頻道「Yasainohi Channel」（やさいのひチャンネル）的觀眾年齡層遍布12～90歲，當中就有許多人認為「說不定我也能成功」，進而挑戰製作麵包，最後開心地表示「沒想到這麼輕鬆就能做出原本已經放棄的麵包呢！」。

我會上傳YouTube影片，是為了教開始在東京獨自生活的女兒學會如何做麵包。還要思考怎樣才能在房內只有一口爐子，廚房空間極小的套房內製作現烤麵包來吃。

準備稍微大一點的保鮮盒，放入材料，只要用刮板拌勻就能製作麵團。麵粉既不會亂飛，手也不會弄髒，看著麵團在盒子裡逐漸成形的模樣肯定是讓人興奮不已。

用此方法製作麵包的話，只需準備1張A4用紙的空間。即便廚房太小、沒有作業空間，都還是能做出麵團。針對感覺較有難度的做麵團及發酵步驟，我則是會教各位不易失敗，讓人想每天做麵包的方法。

我非常推薦本書給沒有做麵包經驗，或是之前做麵包曾遭遇挫折的讀者們，希望各位能嘗試看看。相信大家做起麵包來一定會很愉快呦。

Contents

Part 1

無油基本純風味麵包

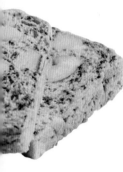

Part 2

養生的全麥鄉村麵包

關於本書

- 材料標示的1大匙＝15mℓ、1小匙＝5mℓ。
- （　）的數字單位為公克，要盡量準確量取。
- 預設室溫為20～25℃。
- 作業時間與發酵時間為參考值。發酵所需的時間長短更是會隨季節與氣溫改變，敬請各位實際觀察麵團狀態做判斷。
- 烘烤麵包的時間也是參考值。書中食譜雖然使用的是一般烤箱，但不同廠牌的烤箱會有溫度及烘烤時間上的差異，敬請各位依烘烤狀態做調整。

Part 3

奢侈享受的鬆軟奶油麵包

Part 4

免烤模輕鬆做的橄欖油麵包

Part 5

適合配餐的法國麵包與其他同質麵包

只要用保鮮盒就能做麵包
就是這麼簡單！

☑ 廚房狹窄、沒空間也能做麵包

☑ 坐在沙發上、
鑽進暖桌時也能做麵包

☑ 只要把材料拌勻就能做出麵包

☑ 不用出力就能做麵包

☑ 麵粉不會飛得到處都是

☑ 不會弄髒手

☑ 蓋上保鮮盒蓋，就不怕麵團乾掉

☑ 輕鬆掌握發酵程度

☑ 能輕鬆拌勻餡料

☑ 誰來做都不容易失敗

☑ 不會有壓力，輕鬆做麵包

關於這本書提到的做麵包……

1 不用大空間就能製作！

**把材料全放入
保鮮盒拌勻**

2 能輕鬆掌握發酵程度！

**直接在盒內
第一次發酵**

3 不用搓揉，雙手不會黏踢踢！

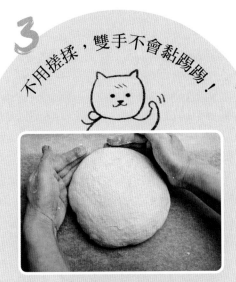

**只有整型時
直接用手摸麵團！**

4 以最佳溫度慢慢發酵

接著進
烤箱烘烤

**最後發酵也是直接用
保鮮盒隔水加溫**

基本工具

跟各位介紹幾個做麵包的必備工具。這裡使用的工具很好取得，讀者們都能輕鬆挑戰看看做麵包。

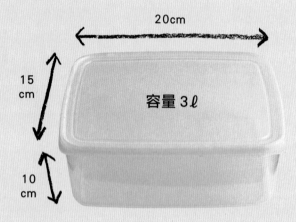

20cm
15 cm
10 cm
容量3ℓ

保鮮盒

我的麵包食譜最大特色，就是會在保鮮盒中拌勻材料。當初是為了讓一人在外生活的女兒也能在狹小廚房裡做麵包，這樣不僅能保持廚房整潔，還能直接在保鮮盒裡做好麵團，麵包烘焙變得不再那麼遙不可及。我使用的保鮮盒大小為15×20cm、高度10cm，容量為3ℓ，在百圓商店購得。隔水加溫的容器如果能大上一圈，也就是4ℓ容量的保鮮盒，用來發酵會更加便利呦。

刮板

會用來混合及推開保鮮盒裡的麵團，有時也會用刮板切拌的方式混合材料。此方式不僅比搓揉輕鬆許多，更不會弄髒手。有時還可以用來集中麵團或分切麵團。雖然百圓商店有賣刮板，但我自己是使用矽膠材質，刮板末端較柔軟的「貝印」刮板。沒有刮板的話可用木鍋鏟或飯勺代替。

SHOWER CAP

浴帽

當我心想有沒有能夠整個蓋住保鮮盒，加速麵團發酵的東西時，想到的就是浴帽了。浴帽本身有高度，就算麵團發酵也不會受影響，浴帽的束帶能完全服貼保鮮盒，不用擔心麵團乾掉。浴帽一樣能在百圓商店購得。

擀麵板

整型麵團時的作業台。拍攝時雖然是用木製擀麵板，但我更推薦能服貼在各種平面，作業起來會更輕鬆的矽膠製擀麵墊。耐熱擀麵墊還能直接放入烤箱烘焙。沒有的話也可用砧板代替。

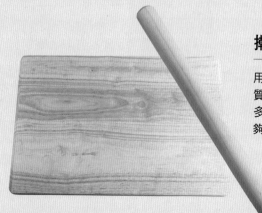

擀麵棍

用來均勻推開麵團。材質有木製、塑膠製非常多樣，百圓商店的就很夠用了。

烘焙紙

有了烘焙紙就不會弄髒烤盤，烘烤時也不怕麵團黏住。用完就丟的拋棄式烘焙紙比較方便。

電子磅秤、量匙、量杯

以「目測分量」的方式做麵包是NG的。本書都有寫出材料重量，無論是粉類或液體類，建議剛開始都要先量測需要分量。熟練後可以把容器直接擺在磅秤上，再依序放入材料。使用量匙、量杯時，要準確測取需要的分量。

烤模

烘焙吐司會需要用到烤模。上面兩種烤模為1斤用。不過「1斤」的烤模種類也很多，容量大約會是1700ml。直接進烤箱烘烤的話麵團會膨脹成山形吐司，蓋上蓋子的話就是方形吐司。長方形蛋糕模也能用來烤吐司。每款烤模的大小都不太一樣，敬請事先確認容量。

第一次使用烤模時，先用清潔劑清洗，擦乾水分，將烤模與上蓋放入預熱180℃烤箱烘烤30～40分鐘。趁熱用乾布擦拭降溫，接著在內側塗抹薄薄一層食用油，再放入200℃烤箱烘烤15分鐘左右。

基本材料

其實只要準備好做麵包最重要的兩樣材料—高筋麵粉和酵母，那麼其他材料都是平常烹調時會用到的東西。就先請各位去住家附近超市找找買得到且方便好用的材料吧。

高筋麵粉

高筋麵粉是麵包材料的主角，以蛋白質含量較高的硬質小麥製成。書中食譜使用的是包裝標示蛋白質含量為11.5～12%的高筋麵粉。無論哪個品牌，只要在一般超市購買「麵包用」的麵粉就不會有問題。

中高筋麵粉（法國麵包專用粉、法國粉）

會用來製作法國麵包等硬質麵包或口感輕盈爽脆的麵包。特色在於蛋白質含量低於高筋麵粉，我使用的中高筋麵粉蛋白質含量為10.5～11%。

低筋麵粉

沒有法國粉，或是想讓出爐的麵包帶有輕盈口感時使用。與高筋麵粉混合使用也能讓麵團質地變輕盈。

全麥麵粉

使用整顆小麥磨製成的麵粉。內含小麥外皮，營養價值高，風味及口感樸實。卻也因為富含膳食纖維，用量過多會使麵團不易膨脹。

Yeast

速發乾酵母粉

書中食譜是使用法國「燕子牌（Saf）」的即發酵母粉，紅色包裝產品較常見，基本上可用來製作各種麵包。開封後請倒入瓶子或密封容器中冷藏存放。若要長期保存則建議改放冰箱冷凍。

Salt and Suger

鹽

書中食譜基本上都使用粗鹽，偶爾也會用到岩鹽。其實鹽的用量不大，各位無須太過在意使用的種類。只要準備平常料理時用的鹽即可。

砂糖

材料中提到的「砂糖」都是指上白糖，相當常見於平時的料理中，各位應該都很熟悉。當然也可以換成自己喜歡的蔗糖或甜菜糖。

Oil

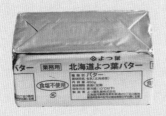

橄欖油

佛卡夏等麵包的麵團會用到橄欖油。揉好麵團再加的話會不好混勻，所以剛開始就要和其他材料一起添加。塗抹在表面烘烤後能增添亮澤，滴在硬質麵包的切痕上能讓麵包出爐後裂得更漂亮。

奶油

書中食譜提到的奶油基本上都是無鹽奶油。麵團裡加入奶油會更容易維持住膨脹程度，烤出爐的麵包也會更有分量。要加在麵團的奶油需先回溫，等變軟到能輕鬆輾壓再使用。

Part 1

無油
基本
純風味麵包

這款健康麵包的材料不多，也不需要添加油脂。
沒有加油的麵包其實較難膨脹，但只要麵粉加水
再稍作靜置，讓水分滲透至粉體中心的話，就算
無油脂也能做出充分膨脹發酵的麵包。對雞蛋、
乳製品過敏的人，以及非常注重養生的人都能安
心享用這款麵包。各位也可以牛奶取代些許水
分，或是調整用粉及餡料，讓風味多點變化。

這份食譜可以讓各位充分體會到，其實做麵包很簡單呢！

終極免揉吐司 P.14

混合	靜置	展延重疊	第一次發酵	揉圓	醒麵	整型	最後發酵	烘烤
1分鐘	**30**分鐘	**1**分鐘	**30~40**分鐘	**1**分鐘	**15**分鐘	**5**分鐘	**1**小時	**30**分鐘

終極 免揉吐司

需要準備的材料不多，而且較不甜，是能與各類餐飲搭配的麵包。一年四季的烘烤時間都一樣。要從這份食譜抓到做麵包的訣竅呦。

材料（1斤分，正方形附蓋吐司模）

- -

［麵團］
高筋麵粉…300g
砂糖…3大匙（30g）
鹽…1小匙（5g）
乾酵母粉…1小匙（4g）
溫水…210㎖

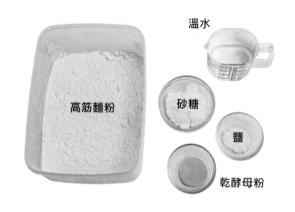

溫水

高筋麵粉

砂糖

鹽

乾酵母粉

準備作業

●用餐巾紙或毛刷在烤模內側及蓋子塗抹
　食用油或奶油（分量外）。

●烘烤前烤箱先預熱180℃。

只要經過折疊、靜置，
就算沒有搓揉，
麵團也能
變得有彈性呦。

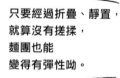

1

麵團材料全部放入保鮮盒。

2

用刮板充分混合材料，直到看不見粉末。

3

將拌勻的麵團鋪平於容器中。

4

讓麵粉充分吸收水分，會更容易出筋。

蓋上蓋子，靜置於室溫30分鐘。

附蓋保鮮盒真方便！

5

靜置後會更好拉開呦！

30分鐘後，用刮板拉開麵團再折疊，重複10次左右。

6

將麵團集中在容器中間，蓋上蓋子。

7

麵團內部溫度達25℃左右時會更容易發酵。

準備比保鮮盒大一點的容器，倒入60℃溫水，將麵團連同保鮮盒隔水加溫（第一次發酵）。

8

30～40分鐘後，麵團膨脹成2～2.5倍的話，就可以結束第一次發酵。

9

從盒中取出麵團放在作業台上。撒點手粉（高筋麵粉／分量外），用手按壓麵團排氣。

10

將麵團折疊數次，增加麵團彈性。

11

用刮板將麵團分成2等分，以磅秤精準秤重。

12

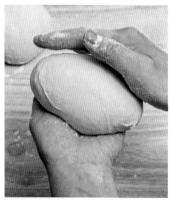

拉開麵團沒有皺褶的部分，整成圓形，讓麵團表面變得繃彈。

13

靜置室溫15分鐘（醒麵）。

14

用手按壓醒好的麵團排氣。

15

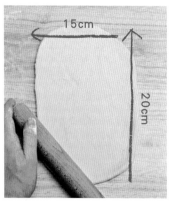

從麵團邊緣開始將氣體擀出，擀成15×20cm的大小。

16

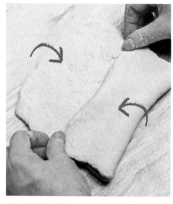

用手將麵團整成長方形，對齊邊角內折2次變3等分。

17

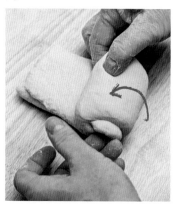

將麵團從手邊往前捲起，另一塊麵團也以相同方式整型。

18

捲好的麵團收口朝下，放入烤模後蓋上蓋子。

19

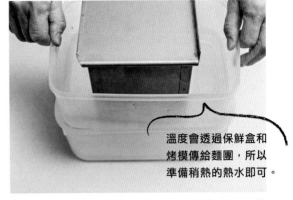

溫度會透過保鮮盒和烤模傳給麵團，所以準備稍熱的熱水即可。

準備比保鮮盒大一點的容器，倒入80℃熱水，將烤模連同保鮮盒一起隔水加溫。

20

讓熱蒸氣滲入其中。

用浴帽蓋住整個容器（最後發酵）。

21

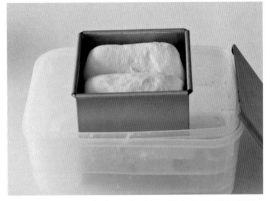

1小時後，麵團會膨脹成3倍，當麵團膨脹到與烤模最上方相距約2cm時，就能放入預熱180℃的烤箱烘烤30分鐘。

22

出爐後立刻抽掉上蓋，將烤模敲打桌面數次，讓吐司脫模。

23

最後在網架上放涼。

牛奶吐司

以牛奶取代些許水分的麵團彈性表現適中，烤出來的麵包質地鬆柔。使用的材料簡單，且帶有微甜滋味，同樣是能與各類餐飲搭配，風味柔和美味的麵包呦。

混合	靜置	展延重疊	第一次發酵	揉圓	醒麵	整型	最後發酵	烘烤
1分鐘	30分鐘	1分鐘	30~40分鐘	1分鐘	15分鐘	5分鐘	1小時	30分鐘

材料（1斤分，9.5×18cm烤模）

[麵團]
高筋麵粉…300g
砂糖…3大匙（30g）
鹽…1小匙（5g）
乾酵母粉…1小匙（4g）
牛奶…160ml
熱水…80ml

準備作業

● 用餐巾紙或毛刷在烤模內側及蓋子塗
抹食用油或奶油（分量外）。

● 烘烤前烤箱先預熱180℃。

1　混合牛奶及熱水，將液體溫度調整至40℃左右。

2　麵團材料全部放入保鮮盒，用刮板充分混合材料，直到看不見粉末。

3　將拌勻的麵團鋪平於容器中。蓋上蓋子，靜置於室溫30分鐘。

4　30分鐘後，用刮板拉開麵團再折疊，重複10次左右。

5　將麵團集中在容器中間，蓋上蓋子。準備比保鮮盒大一點的容器，倒入60℃溫水，將麵團連同保鮮盒隔水加溫（第一次發酵）。

6　30～40分鐘後，麵團膨脹成2～2.5倍的話，就可以結束第一次發酵。從盒中取出麵團放在作業台上。撒點手粉（高筋麵粉／分量外），用手按壓麵團排氣。

7　用刮板將麵團分成2等分（以磅秤精準秤重）。拉開麵團沒有皺褶的部分，整成圓形，讓麵團表面變得繃彈。靜置室溫15分鐘（醒麵）。

8　用手按壓醒好的麵團排氣。從麵團邊緣開始將氣體擀出，擀成15×20cm的大小。

9　用手將麵團整成長方形，對齊邊角內折2次變3等分。將麵團從手邊往前捲起，另一塊麵團也以相同方式整型。

10　捲好的麵團收口朝下，放入烤模左右兩側（**A**）。準備比保鮮盒大一點的容器，倒入80℃熱水，將烤模連同保鮮盒一起隔水加溫。用浴帽蓋住整個容器（最後發酵）。

11　1小時後，麵團會膨脹成3倍，當麵團膨脹到比烤模高出1cm時（**B**），就能放入預熱180℃的烤箱烘烤30分鐘。

12　出爐後，將烤模敲打桌面數次，讓吐司脫模。最後在網架上放涼。

山型吐司
基本作法進階版！

A

B

抹茶甘納豆吐司

抹茶麵團添加了甘納豆的和風組合深受女性喜愛。抹茶的微苦風味在膨柔的麵包體中擴散開來，最後還會留下了紅豆的甜味。鮮豔的綠色切面也非常吸引人呢。

混合 → 靜置 → 展延重疊 → 第一次發酵 → 整型 → 最後發酵 → 烘烤

| 1分鐘 | 30分鐘 | 1分鐘 | 30~40分鐘 | 5分鐘 | 1小時 | 25分鐘 |

地瓜黑芝麻吐司

帶著黑芝麻顆粒口感的麵包體添加了汆燙過的地瓜塊，形成味覺表現充滿對比的美味麵包。
麵團雖然無油，作法又簡單，但口感卻非常濕潤膨鬆呢。

放入烤模時
花點巧思，
烤出來的成品就會
各具特色呦。

混合	靜置	展延重疊	第一次發酵	整型	最後發酵	烘烤
1分鐘	**30分鐘**	**2分鐘**	**30~40分鐘**	**10分鐘**	**1小時**	**30分鐘**

抹茶甘納豆吐司

材料（1斤分，9.5×18cm烤模）

[麵團]

高筋麵粉…300g

抹茶粉…10g

砂糖…3大匙（30g）

鹽…2/3小匙（3g）

乾酵母粉…1小匙（4g）

溫水…220ml

甘納豆…60g

準備作業

● 用餐巾紙或毛刷在烤模內側及蓋子塗抹食用油或奶油（分量外）。

● 烘烤前烤箱先預熱180℃。

抹茶甘納豆吐司／地瓜黑芝麻吐司

不做分切，直接放入模型烘烤的話，出爐後怎麼切片都看得見漩渦的形狀呦。

A

B

作法

1 麵團材料全部放入保鮮盒，用刮板充分混合材料，直到看不見粉末。

2 將拌勻的麵團鋪平於容器中。蓋上蓋子，靜置於室溫30分鐘。

3 30分鐘後，用刮板拉開麵團再折疊，重複10次左右。

4 將麵團集中在容器中間，蓋上蓋子。準備比保鮮盒大一點的容器，倒入60℃溫水，將麵團連同保鮮盒隔水加溫（第一次發酵）。

5 30～40分鐘後，麵團膨脹成2～2.5倍的話，就可以結束第一次發酵。從盒中取出麵團放在作業台上。撒點手粉（高筋麵粉／分量外），用手按壓麵團排氣。

6 在麵團表面撒點手粉，從麵團邊緣開始將氣體擀出，擀成20×30cm的大小。

7 在擀開的麵團均勻撒上甘納豆。將麵團從手邊稍微施力往前捲起（A）。調整成和烤模等長的長度。

8 捲好的麵團收口朝下，放入烤模中（B）。準備比保鮮盒大一點的容器，倒入80℃熱水，將烤模連同保鮮盒一起隔水加溫。用浴帽蓋住整個容器（最後發酵）。

9 1小時後，麵團會膨脹成3倍，當麵團膨脹到比烤模高出1cm時，就能放入預熱180℃的烤箱烘烤25分鐘。

10 出爐後，將烤模敲打桌面數次，讓吐司脫模。最後在網架上放涼。

地瓜黑芝麻吐司

材料（1斤分，9.5×18cm烤模）

[麵團]
高筋麵粉…300g
砂糖…3大匙（30g）
鹽…1小匙（5g）
乾酵母粉…1小匙（4g）
溫水…240ml

熟黑芝麻粒…40g
地瓜…300g

準備作業

● 用餐巾紙或毛刷在烤模內側及蓋子塗
抹食用油或奶油（分量外）。

● 烘烤前烤箱先預熱180℃。

作法

1　麵團材料全部放入保鮮盒，用刮板充分混合材料，直到看不見粉末。

2　將拌勻的麵團鋪平於容器中。蓋上蓋子，靜置於室溫30分鐘。

3　30分鐘後，加入黑芝麻，用刮板拉開麵團再折疊，讓芝麻均勻混入麵團中（**A**）。

4　將麵團集中在容器中間，蓋上蓋子。準備比保鮮盒大一點的容器，倒入60℃溫水，將麵團連同保鮮盒隔水加溫（第一次發酵）。

5　30～40分鐘後，麵團膨脹成2～2.5倍的話，就可以結束第一次發酵。從盒中取出麵團放在作業台上。撒點手粉（高筋麵粉／分量外），用手按壓麵團排氣。

6　在麵團表面撒點手粉，從麵團邊緣開始將氣體擀出，擀成20×30cm的大小。

7　在擀開的麵團均勻撒上地瓜塊。將麵團從手邊稍微施力往前捲起（**B**），均切成10等分（**C**），接著稍微錯開位置，將麵團排入烤模中（**D**）。

8　準備比保鮮盒大一點的容器，倒入80℃熱水，將烤模連同保鮮盒一起隔水加溫。用浴帽蓋住整個容器（最後發酵）。

9　1小時後，麵團會膨脹成3倍，當麵團膨脹到比烤模高出1cm時，就能放入預熱180℃的烤箱烘烤30分鐘。

10　出爐後，將烤模敲打桌面數次，讓吐司脫模。最後在網架上放涼。

材料（6個分）

- -

［麵團］

高筋麵粉…200g

砂糖…2大匙（20g）

鹽…1/2小匙（3g）

乾酵母粉…2/3小匙（3g）

溫水…140mℓ

準備作業

● 烤盤鋪放烘焙紙。

● 烘烤前烤箱先預熱160℃。

重新整圓讓表面變光滑，麵團會更容易膨脹呦。

低溫烘烤的話麵包不會變焦，口感也會很軟呢。

作法

1 麵團材料全部放入保鮮盒，用刮板切拌、拉伸麵團2分鐘左右，讓材料均勻混合。

2 將麵團集中在容器中間，蓋上蓋子。準備比保鮮盒大一點的容器，倒入60℃溫水，將麵團連同保鮮盒隔水加溫（第一次發酵）。

3 30～40分鐘後，麵團膨脹成2～2.5倍的話，就可以結束第一次發酵。從盒中取出麵團放在作業台上。撒點手粉（高筋麵粉／分量外），用手按壓麵團排氣。

4 用刮板將麵團分成6等分（以磅秤精準秤重／**A**）。拉開麵團沒有皺褶的部分，整成圓形，讓麵團表面變得繃彈。靜置室溫15分鐘（醒麵）。

5 用手按壓醒好的麵團排氣，重新將麵團整圓（**B**）。麵團收口朝下，等距排列於烤盤（**C**）。蓋上乾布（最後發酵）。

6 30～40分鐘後，麵團膨脹成2倍的話，就以濾茶網篩點高筋麵粉（分量外／**D**）。接著用筷子按壓麵團，讓麵團中間下凹一半（**E**）。

7 放入預熱160℃的烤箱烘烤12分鐘。

白麵包

不添加多餘材料，烤出來的口感鬆軟，
是連寶寶也能安心品嘗的麵包。無須準
備烤模，很適合初學者呦。

混合	第一次發酵	揉圓	醒麵	整型	最後發酵	最後加工	烘烤
2分鐘	**30~40**分鐘	**2**分鐘	**15**分鐘	**2**分鐘	**30~40**分鐘	**1**分鐘	**12**分鐘

Q&A 之一

我的YouTube頻道「Yasainohi Channel」（やさいのひチャンネル）影片下方每天會有許多留言。開始做麵包後，每次都會有各種疑問其實是很正常的。針對留言中所提到的疑問我也都認真回答，接著就跟各位分享網友提出的部分疑問。

Q1

為什麼無須搓揉
就能用保鮮盒做好麵團？

A 只要水分與麵粉混合均勻且充分靜置，麵團結構就會變得強韌。吸飽水分的麵粉較容易出筋，只要靠拉伸、折疊的動作，就能增加麵團彈性，烤出來的麵包就和搓揉過的麵團成品一樣。「免揉麵團」食譜會添加比平常更多的水分，只要混合便可讓麵粉吸飽水分，拉伸、折疊的過程中也能強化麩質的網狀結構，如此一來不用搓揉就能做出充分膨脹的麵包。

Q2

天然酵母不是比
速發乾酵母粉更好？

A 天然酵母和乾酵母粉的日文完全不同，所以會讓人誤以為「天然酵母比乾酵母粉更好」，但其實乾酵母粉日文「ドライイースト」裡的「イースト」指的就是酵母。天然酵母是指從穀物、水果裡培養的酵母，乾酵母則是在工廠培養而成，其實兩者都源於大自然。用天然酵母做麵包的發酵時間長，且酵母狀態較不穩定，想要在家輕鬆做麵包的話，還是會推薦使用能穩定發酵的乾酵母粉。

Q3

想要將食譜分量加倍或減半時，材料比例該如何調整？

A 無論是分量增加或減少，基本上材料依等比例作調整即可。當粉類分量超過1kg時，也可以選擇只減少酵母粉用量。如果模型大小不同，則需測量容量後再計算。只要將烤模倒滿水，就能以水量得知模型容量。

Q4

溫水的溫度是？

A 麵團添加的溫水建議溫度是35～40℃。因為麵團帶點溫度會比較容易發酵，天氣冷的話可以讓溫水熱一些，夏天則是稍微降低水溫，依季節作調整。添加冰冷材料時，也會建議和熱水一起加入，讓整體達到適溫。

Q5

可以用豆漿、果汁或雞蛋取代粉類所需的水分嗎？

A 的確可以用牛奶、鮮奶油、雞蛋、豆漿來取代食譜裡一部分的溫水。但要注意，當水分的蛋白質含量過高，麵團就不易膨脹，所以要避免過量。尤其是豆漿和雞蛋的蛋白質含量高，百分之百取代水分的話，做出來的麵包會變得太過紮實毫無膨鬆感。如果是果汁、蔬果磨泥（去掉蔬果渣）的話，則可用來完全取代水分。但別忘了，材料本身會甜的話，就要調整砂糖用量。

Q6

醒麵和發酵的不同處？

A 醒麵是讓麵團鬆弛，這樣會更好進行下個步驟。因為麵團排氣整圓後，質地會變得密實，較難拉伸開來。透過醒麵讓麵團變軟、變鬆弛，當然就更容易整型。反觀，發酵是指麵團裡形成二氧化碳和醇類，使麵團膨脹的意思。發酵過的麵團膨鬆，口感也會相對軟嫩有彈性。只要發酵成功，麵包就會產生獨特風味及香氣，還有助增添鮮味。

Part 2

養生的
全麥鄉村
麵包

接著要介紹的是使用全麥麵粉製作，具備非常獨特風味的鄉村風味麵包。它的表現就跟外觀一樣樸實，但愈是咀嚼，愈能慢慢感受到其中美味。這類麵包富含膳食纖維，非常適合作為管控飲食的養生麵包。比起其他短時間就能完成的麵包，鄉村麵包雖然要花時間慢慢熟成，但這不僅能增加鮮味，也能拉長保存期限。當然還可以很自由地調整麵包內餡，水果和起司都非常相搭呦！

長時間熟成鄉村麵包　P.30

混合	靜置	展延重疊+ 發酵×5～6次	整型	醒麵	最後 加工	烘烤
1分鐘	**10**小時	**10**小時	**5**分鐘	**15**分鐘	**1**分鐘	**25**分鐘

長時間熟成鄉村麵包

以少量酵母長時間慢慢發酵，展現出麵團的鮮味。花費整整一天的時間「養大」麵團，就能讓麵包愈變愈美味。這類風味簡樸的麵包也很適合做成三明治呦。

材料（烤好成品的直徑約15cm 1個分）

[麵團]
高筋麵粉…280g
全麥麵粉…20g
砂糖…1小匙（3g）
鹽…1小匙（5g）
乾酵母粉…1/4小匙（1g）
水（冬天使用溫水）…240㎖

橄欖油…1～2小匙

準備作業

●烘烤前烤箱先預熱250℃。

用高溫烘烤讓麵團
瞬間膨脹，
表面的切痕就會
裂得很漂亮呦。

作法

1

麵團材料全部放入保鮮盒。

2

用刮板充分混合材料，直到看不見粉末。

3

將拌勻的麵團鋪平於容器中。

4

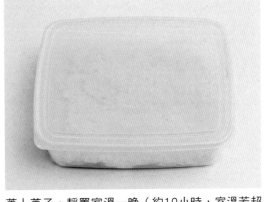

蓋上蓋子，靜置室溫一晚（約10小時，室溫若超過20℃則改放冰箱冷藏）。

5

大概要這麼厚！

隔天早上，麵團會膨脹成2～2.5倍。

6

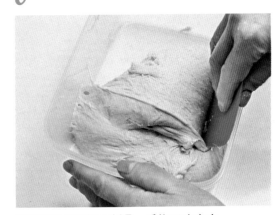

用刮板拉開麵團再折疊，重複10次左右。

7

將麵團集中在容器中間，蓋上蓋子，靜置於室溫（第一次發酵）。

8

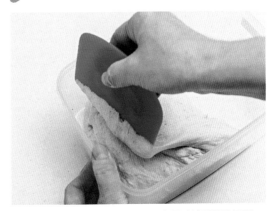

麵團膨脹成2～2.5倍時，再次用刮板拉開麵團，排出內部氣體，重複4～5次折疊動作。

9

重複排氣與發酵步驟
能讓麵團變得更Q彈。

再次蓋上蓋子，靜置於室溫，重複步驟⑧讓麵團
熟成（10小時期間大約再進行5～6次的展延重疊
＋發酵動作）。

10

麵團膨脹成3倍時，就是準備進爐烘烤的時間。將
麵團撒上大量手粉（高筋麵粉／分量外），無須
排氣，直接輕輕地放上烤盤。

11

將麵團從周圍往中間抓攏，能讓下面的麵團表面
更加緊繃。

12

輕輕地上下翻面，讓收口處正好在下方正中央，
將形狀整圓。

13

靜置於室溫15分鐘（醒麵）。

14

撒上手粉，在表面畫出十字切痕（深度約5mm）。

15

烘烤時
橄欖油會變熱，
能讓切痕裂開時
更漂亮。

在切痕處淋上橄欖油，放入預熱250℃烤箱烘烤25分鐘左右。

烤出來的麵包
會帶有氣孔。
製作雖然耗時，
卻不需要什麼技巧，
其實很適合初學者呢。

核桃葡萄乾
全麥麵包

在全麥麵團裡，加入絕對不可少的核桃
和葡萄乾。也只有手作麵包，用料才能
這麼大手筆。很適合用來配紅酒呦。

混合	靜置	拌勻	第一次發酵	整型	最後發酵	烘烤
1分鐘	**30**分鐘	**2**分鐘	**30~40**分鐘	**5**分鐘	**15**分鐘	**30~40**分鐘

材料（烤好成品的直徑約15cm 1個分）

- -

［麵團］
高筋麵粉…200g
全麥麵粉…50g
砂糖…1小匙（3g）
鹽…1小匙（5g）
乾酵母粉…1小匙（4g）
溫水…190㎖

核桃…60g
洋酒漬葡萄乾
（或是用溫水將葡萄乾泡軟）…100g

準備作業

- 核桃180℃烘烤5分鐘，稍微切塊（**A**）。
- 用餐巾紙吸掉葡萄乾的水分（**B**）。
- 烤盤鋪放烘焙紙。
- 烘烤前烤箱先預熱220℃。

A

B

C

無論吃哪個部分
都吃得到餡料，
整體味道
非常協調呢！

作法

1 麵團材料全部放入保鮮盒，用刮板充分混合材料，直到看不見粉末。

2 將拌勻的麵團鋪平於容器中。蓋上蓋子，靜置於室溫30分鐘。

3 30分鐘後，加入核桃和葡萄乾（**C**），用麵團裹住餡料，以切拌的方式重疊麵團，讓內餡均勻分布麵團中。

4 將麵團集中在容器中間，蓋上蓋子。準備比保鮮盒大一點的容器，倒入60℃溫水，將麵團連同保鮮盒隔水加溫（第一次發酵）。

5 30～40分鐘後，麵團膨脹成2～2.5倍的話，就可以結束第一次發酵。從盒中取出麵團放在作業台上。撒點手粉（高筋麵粉／分量外），用手按壓麵團排氣。

6 拉開麵團沒有皺褶的部分，整成球狀，讓麵團表面變得繃彈。將掉出的餡料壓回麵團內。

7 放上烤盤，靜置至少15分鐘（最後發酵）。

8 麵團膨脹成1.5倍時即可結束發酵。若麵團拓開，則可用刮板集中整圓。

9 放入預熱220℃的烤箱烘烤30～40分鐘。

材料（烤好成品的直徑約15cm 1個分）

- -

［麵團］

法國粉…200g

全麥麵粉…50g

砂糖…1小匙（3g）

鹽…1小匙（5g）

肉桂粉…1小匙（2g）

乾酵母粉…1小匙（4g）

溫水…190㎖

蘋果…淨重200g

準備作業

●蘋果削皮去籽後秤重，切成1cm塊
　狀。

●烤盤鋪放烘焙紙。

●烘烤前烤箱先預熱220℃。

要拌勻蘋果
雖然比較累，
但烤出來的麵包
會很漂亮，
所以加加油吧！

1　麵團材料全部放入保鮮盒，用刮板充分混合材
　料，直到看不見粉末。

2　將拌勻的麵團鋪平於容器中。蓋上蓋子，靜置於
　室溫30分鐘。

3　30分鐘後，用刮板拉開麵團再折疊，重複10次左
　右。

4　將麵團集中在容器中間，蓋上蓋子。準備比保鮮
　盒大一點的容器，倒入60℃溫水，將麵團連同保
　鮮盒隔水加溫（第一次發酵）。

5　30～40分鐘後，麵團膨脹成2～2.5倍的話，就可
　以結束第一次發酵。接著將蘋果放入盒中，用麵
　團裹住餡料的方式拌勻蘋果（**A**）。注意不要壓
　爛蘋果呦。

6　將麵團放在作業台，撒入大量手粉（高筋麵粉／
　分量外），不斷轉動麵團，將麵團整成球狀，讓
　表面變得繃彈。麵團比較厚的部分要稍微拉開，
　並裹住蘋果，繼續將麵團整圓（**B**）。放上烤
　盤，靜置至少15分鐘（最後發酵）。

7　麵團膨脹成2倍時即可結束發酵。若麵團拓開，
　則可用刮板集中整圓。

8　在麵團表面畫出深度約5mm的十字切痕。

9　放入預熱220℃烤箱烘烤30分鐘。

蘋果肉桂鄉村麵包

A

B

蘋果肉桂鄉村麵包

帶有全麥麵粉及肉桂香氣的麵團中，添加多到快滿
出來的蘋果丁。麵團本身雖然不甜，卻能襯托出蘋
果稍作加熱後，如果汁般的甜味。

混合	靜置	展延重疊	第一次發酵	拌勻	整型	最後發酵	最後加工	烘烤
1分鐘	30分鐘	2分鐘	30~40分鐘	2分鐘	5分鐘	15分鐘	1分鐘	30分鐘

麵包配料

直接品嘗麵包當然美味，但麵包就像白飯一樣，如果有道「配料」，就能讓享用時更加愉快。接著就讓我跟各位介紹基本果醬作法，以及能和麵包一起品嘗，有著豐富餡料的湯品吧。

其他的水果也能用一樣方法做成果醬呦。

草莓果醬

只要使用微波爐，無論是當季新鮮草莓，還是冷凍草莓，不用10分鐘就能完成手工果醬。最近冷凍草莓的品質愈來愈穩定，一年四季都買得到，推薦各位在非產季期間改用冷凍草莓。手工果醬不能久放，做好後請分個幾次趕緊吃光呦。

材料（容易製作的分量）

草莓（新鮮草莓或冷凍草莓皆可）
　…200g
砂糖…70～100g
檸檬汁…1～2小匙

A

作法

1 草莓去掉蒂頭，放入耐熱容器，加入砂糖和檸檬汁拌勻（A）。

2 蓋上保鮮膜，以600W微波爐加熱3分鐘。

3 取出後拌勻，無須蓋上保鮮膜，直接再加熱5分鐘。

義式蔬菜湯

能夠品嘗到大量蔬菜，讓身體整個暖和起來的義式蔬菜湯和麵包非常相搭。有空的話多做點放在冷凍保存，忙碌時品嘗可是種享受呢。食譜中的蔬菜為參考分量，各位可隨意發揮，依照季節選用不同蔬菜。加入自己喜愛的香草也會很美味呦。

材料（8人分）

洋蔥…1顆（200g）

高麗菜…600g

芹菜…80g

胡蘿蔔…80g

培根…100g

大蒜…1瓣

番茄泥（或水煮番茄罐頭）…400g

鹽…1小匙

橄欖油…4大匙

水…1～1.2ℓ

作法

1 大蒜切碎末，其他蔬菜與培根全切成1cm塊狀。

2 將橄欖油與大蒜入鍋，中火烹炒至大蒜飄香，接著放入蔬菜及培根。立刻加鹽繼續拌炒。

3 食材烹炒到高度剩一半時，加入番茄泥、水，繼續燉煮讓蔬菜變軟。

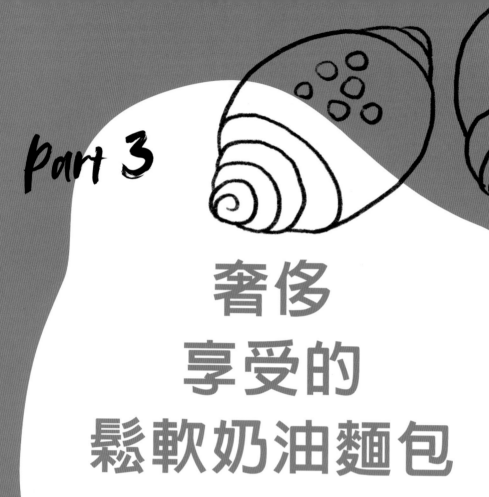

Part 3

奢侈
享受的
鬆軟奶油麵包

只要加入些許奶油,麵團發酵時會更有分量,烤出來的成品更是膨鬆柔軟。這裡的奶油加法有2種,依照烤出的麵包成品狀態,分成麵團靜置後再加入奶油拌勻,以及剛開始就先加入融化的奶油。加了奶油的麵團紋路會變得細緻滑順,奶油用量也能改變麵包的風味。想要奢侈一下,嘗點軟嫩麵包的話,非常推薦各位接下來的食譜呦。

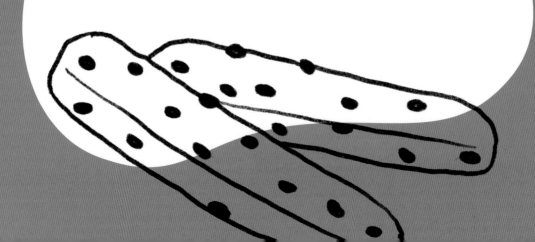

自己在家也能
做出麵包店等級的
生吐司呢。

免揉奶油生吐司 P.42

混合	靜置	拌入奶油	第一次發酵	揉圓	醒麵	整型	最後發酵	烘烤
1分鐘	**30**分鐘	**5**分鐘	**30~40**分鐘	**1**分鐘	**15**分鐘	**5**分鐘	**1**小時	**25**分鐘

免揉奶油生吐司

不用搓揉，花點時間讓麵團熟成，烤出來的麵包會變得充滿彈性，紋路細緻，又能快速在口中化開。蜂蜜的溫和甜味會優雅地散開來，不用任何沾醬就很美味呢。

材料（1斤分，正方形附蓋吐司模）

[麵團]
高筋麵粉…270g
蜂蜜…2大匙（20g）
鹽…1小匙（5g）
乾酵母粉…1小匙（4g）
牛奶…160㎖
熱水…50㎖
無鹽奶油…20g

（準備作業）

●奶油回溫放軟。

●用餐巾紙或毛刷在烤模內側及蓋子塗抹食用油或奶油（分量外）。

●烘烤前烤箱先預熱170℃。

牛奶
熱水
高筋麵粉
鹽
蜂蜜
乾酵母粉
無鹽奶油

低溫烘烤的話，就連吐司邊都能烤到軟嫩呦。

1

混合牛奶及熱水，將液體溫度調整至40℃左右。

2

將奶油除外的所有材料放入保鮮盒，用刮板充分混合材料，直到看不見粉末。

3

將拌勻的麵團鋪平於容器中。
蓋上蓋子，靜置於室溫30分
鐘。

4

奶油與麵團
充分拌勻的話，
質地會變鬆柔呦。

30分鐘後，加入變軟的奶油，以切拌方式混合奶
油與麵團，直到麵團質地變得鬆柔。

5

混合均勻後，將麵團集中在容器中間，蓋上蓋
子。

6

準備比保鮮盒大一點的容器，倒入60℃溫水，將
麵團連同保鮮盒隔水加溫（第一次發酵）。

7

30～40分鐘後，麵團膨脹成2～2.5倍的話，就可
以結束第一次發酵。

8

從盒中取出麵團放在作業台上。撒點手粉（高筋
麵粉／分量外），用手按壓麵團排氣。

9

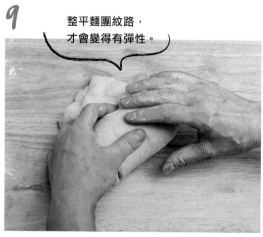

整平麵團紋路，
才會變得有彈性。

麵團內折2次變3等分後，再從手邊往前捲起。

10

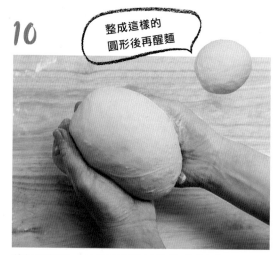

整成這樣的
圓形後再醒麵

將麵團整圓，於室溫靜置15分鐘（醒麵）。

11

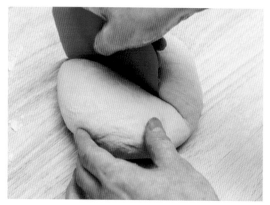

用手按壓醒好的麵團排氣，以刮板將麵團分成2等
分。

12

拉開麵團沒有皺褶的部分，整成圓形，讓麵團表
面變得繃彈。

13

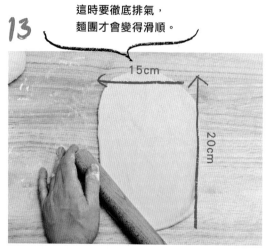

這時要徹底排氣，
麵團才會變得滑順。

15cm

20cm

從麵團邊緣開始將氣體擀出，擀成15×20cm的大
小。

14

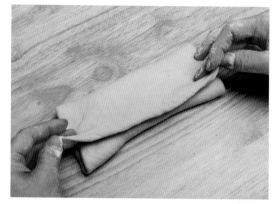

用手將麵團整成長方形，對齊邊角內折2次變3等
分。

15

將麵團從手邊往前捲起，另一塊麵團也以相同方式整型。

16

捲好的麵團收口朝下，放入烤模後蓋上蓋子。

17

準備比保鮮盒大一點的容器，倒入80℃熱水，將烤模連同保鮮盒一起隔水加溫。用浴帽蓋住整個容器（最後發酵）。

18

加了奶油的麵團比較容易發酵，所以要提早確認發酵程度。

1小時後，麵團會膨脹成3倍，當麵團膨脹到與烤模最上方相距約2cm時，就能放入預熱170℃的烤箱烘烤25分鐘。

19

出爐後立刻抽掉上蓋，將烤模敲打桌面數次，讓吐司脫模。最後在網架上放涼。

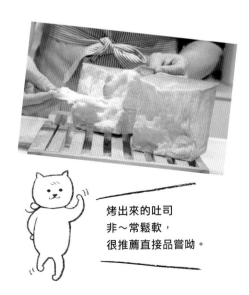

烤出來的吐司非～常鬆軟，很推薦直接品嘗呦。

材料（1斤分，9.5×18cm烤模）

[麵團]
高筋麵粉…300g
砂糖…3大匙（30g）
鹽…2/3小匙（4g）
乾酵母粉…1小匙（4g）
冷凍草莓…120g
熱水…120mℓ
無鹽奶油…20g

（準備作業）

● 奶油回溫放軟。

● 用餐巾紙或毛刷在烤模內側及蓋子塗抹食用油或奶油（分量外）。

● 烘烤前烤箱先預熱170℃。

新鮮草莓不容易搗碎，
若要使用的話
建議先冷凍
或加熱一下。

A

B

充分拌勻，
讓麵團整個
變成粉紅色。

作法

1 冷凍草莓放容器中自然解凍，用搗泥器搗碎草莓（A）。倒入熱水，使溫度為40℃左右。

2 將奶油除外的所有材料放入保鮮盒，用刮板充分混合材料，直到看不見粉末。將拌勻的麵團鋪平於容器中（B）。蓋上蓋子，靜置於室溫30分鐘。

3 30分鐘後，加入變軟的奶油，以切拌方式混合奶油與麵團，直到麵團質地變得鬆柔。

4 混合均勻後，將麵團集中在容器中間，蓋上蓋子。準備比保鮮盒大一點的容器，倒入60℃溫水，將麵團連同保鮮盒隔水加溫（第一次發酵）。

5 30～40分鐘後，麵團膨脹成2～2.5倍的話，就可以結束第一次發酵。從盒中取出麵團放在作業台上。撒點手粉（高筋麵粉／分量外），用手按壓麵團排氣。

6 以刮板將麵團分成2等分。拉開麵團沒有皺褶的部分，整成圓形，讓麵團表面變得繃彈。於室溫靜置15分鐘（醒麵）。

7 從麵團邊緣開始將氣體擀出，擀成15×20cm的大小。用手將麵團整成長方形，對齊邊角內折2次變3等分。將麵團從手邊往前捲起，另一塊麵團也以相同方式整型。

8 捲好的麵團收口朝下，放入烤模左右兩側。

9 準備比保鮮盒大一點的容器，倒入80℃熱水，將烤模連同保鮮盒一起隔水加溫。用浴帽蓋住整個容器（最後發酵）。

10 1小時後，麵團會膨脹成3倍，當麵團膨脹到比烤模高出1cm時，就能放入預熱170℃的烤箱烘烤30分鐘。

11 出爐後，將烤模敲打桌面數次，讓吐司脫模。

草莓吐司

充滿草莓甜甜香氣的粉色吐司，草莓籽的顆粒感更成了點綴。與奶油乳酪或鮮奶油極為相搭，吐司本身非常鬆軟甚至能夠拉絲呢。

混合	靜置	拌勻奶油	第一次發酵	揉圓	醒麵	整型	最後發酵	烘烤
1分鐘	**30**分鐘	**5**分鐘	**30~40**分鐘	**1**分鐘	**15**分鐘	**5**分鐘	**1**小時	**30**分鐘

免折疊丹麥吐司

丹麥吐司最吸引人的地方，就是吸附
著奶油的濕潤部分和爽脆部分之間所
形成的口感對比。無論切取哪個部位
都會散發出奶油濃郁的美味。

混合	靜置	拌勻奶油	第一次發酵	整型	最後發酵	最後加工	烘烤
1分鐘	**30**分鐘	**5**分鐘	**30~40**分鐘	**15**分鐘	**1**小時	**1**分鐘	**25**分鐘

材料（1斤分，9.5×18cm烤模）

[麵團]
高筋麵粉…250g
砂糖…2大匙（20g）
鹽…1小匙（5g）
乾酵母粉…1小匙（4g）
蛋液…30g
麵團用無鹽奶油…20g
牛奶…50㎖
熱水…100㎖

折疊用無鹽奶油…60g
蛋液（最後加工用）…10g

準備作業

●奶油回溫放軟。

●將折疊用奶油切成1cm塊狀，放於冰箱冷藏降溫。

●用餐巾紙或毛刷在烤模內側及蓋子塗抹食用油或奶油（分量外）。

●烘烤前烤箱先預熱190℃。

1

混合牛奶及熱水，將液體溫度調整至40℃左右。

2

將奶油除外的所有材料放入保鮮盒，用刮板充分混合材料，直到看不見粉末。

3

將拌勻的麵團鋪平於容器中。蓋上蓋子，靜置於室溫30分鐘。

4

30分鐘後，加入變軟的奶油，以切拌方式混合奶油與麵團，直到麵團質地變得鬆柔。

5

將拌勻的麵團鋪平於容器中，蓋上蓋子。準備比保鮮盒大一點的容器，倒入60℃溫水，將麵團連同保鮮盒隔水加溫（第一次發酵）。

6

30～40分鐘後，麵團膨脹成2～2.5倍的話，就可以結束第一次發酵。從盒中取出麵團放在作業台上。撒點手粉（高筋麵粉／分量外），用手按壓麵團排氣。

7

用手拉開麵團，整成單邊30cm的方形。

8

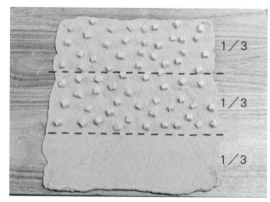

1/3

1/3

1/3

將冰過的奶油均勻攤放在麵團上，要避開靠近手邊1/3的範圍。

9

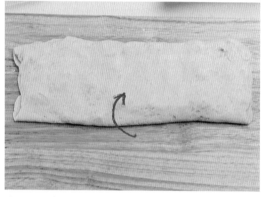

拿起手邊的麵團，朝前方折2折，變3等分（第一次）。

10

輕輕按壓麵團表面，讓厚度一致。將麵團轉向，再折成3等分（第二次）。

11

動作要迅速，以免奶油融化。

用手按壓折成3等分的麵團，讓麵團變2倍大。

12

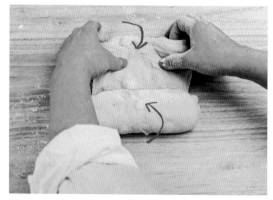

再折成3等分（第三次）。

13

將麵團轉向，再折成3等分（第四次）。將掉出的奶油壓回麵團內。

14

以刮板將麵團縱切4等分。

15

捲起切好的麵團，收口朝下，放入烤模。

16

錯開麵團擺放位置，烤出來的吐司就能看見奶油的層次。

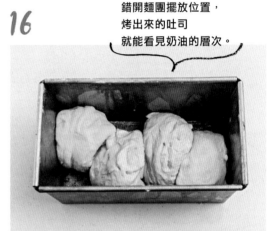

將四塊麵團錯位排入烤模中。用浴帽蓋住整個容器。這時隔水加溫的話可能會讓奶油融化流出，所以放置室溫發酵即可（最後發酵）。

17

使用奶油的麵團比較容易發酵，所以要提早確認發酵程度。

1小時後，麵團會膨脹成3倍，當麵團膨脹到比烤模高出1cm時，就能在表面塗抹蛋液，接著放入預熱190℃的烤箱烘烤25分鐘。

18

出爐後，將烤模敲打桌面數次，讓吐司脫模。最後在網架上放涼。

全麥鹽味奶油捲 `P.55`

混合 → 第一次發酵 → 揉圓 → 醒麵 → 整型 → 最後發酵 → 最後加工 → 烘烤

2分鐘　**30~40**分鐘　**2**分鐘　**10**分鐘　**10**分鐘　**30~40**分鐘　**1**分鐘　**12~15**分鐘

鬆柔奶油捲 `P.53`

混合 → 靜置 → 拌勻奶油 → 第一次發酵 → 揉圓

1分鐘　**15**分鐘　**5**分鐘　**30~40**分鐘　**2**分鐘

醒麵 → 整型 → 最後發酵 → 最後加工 → 烘烤

10分鐘　**10**分鐘　**30~40**分鐘　**1**分鐘　**12~15**分鐘

鬆柔奶油捲

這是款非常膨鬆軟嫩，卻又帶有Q彈口感的微甜基本款餐包。烤出來的顏色充滿亮澤，視覺上就很美味，能獲得所有人的青睞。敬請各位好好學會這款奶油麵團製成的入門款麵包吧！

材料（6個分）

［麵團］
高筋麵粉…240g
砂糖…1大匙（10g）
鹽…1小匙（5g）
乾酵母粉…1小匙（4g）
牛奶…60㎖
熱水…110㎖
無鹽奶油…25g

蛋液（最後加工用）…10g

準備作業

●奶油回溫放軟。

●烤盤鋪放烘焙紙。

●烘烤前烤箱先預熱190℃。

作法

1

混合牛奶及熱水，將液體溫度調整至40℃左右。

2

將奶油除外的所有材料放入保鮮盒，用刮板充分混合材料，直到看不見粉末。將拌勻的麵團鋪平於容器中。蓋上蓋子，靜置於室溫15分鐘。

3

15分鐘後，加入變軟的奶油，以切拌方式混合奶油與麵團，直到麵團質地變得鬆柔。

4

混合均勻後，將麵團集中在容器中間，蓋上蓋子。準備比保鮮盒大一點的容器，倒入60℃溫水，將麵團連同保鮮盒隔水加溫（第一次發酵）。

5

30～40分鐘後，麵團膨脹成2～2.5倍的話，就可以結束第一次發酵。從盒中取出麵團放在作業台上。撒點手粉（高筋麵粉／分量外），用手按壓麵團排氣。

6

搓成這樣的形狀醒麵

將麵團分成6等分（精準秤重），搓揉成圓錐形後，靜置10分鐘（醒麵）。

鬆柔奶油捲／全麥鹽味奶油捲

7

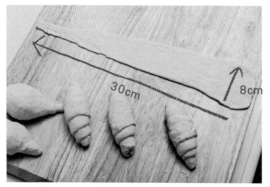

30cm

8cm

用手將醒好的麵團壓平，接著用擀麵棍邊擀邊輕輕拉長前端，擀成寬8cm、長30cm的細長三角形。

8

要左右對稱呦。

從三角形的底慢慢將麵團捲起。捲好的麵團收口朝下，等距排列於烤盤。

9

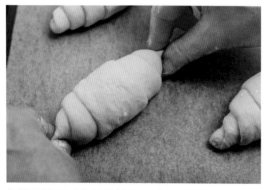

麵團兩邊用手指捏壓整型。蓋上乾布，置於溫暖處（最後發酵）。

10

30～40分鐘後，麵團膨脹成2倍的話，就可在表面塗抹蛋液，接著放入預熱190℃的烤箱烘烤12～15分鐘。

全麥鹽味奶油捲

這裡的奶油捲是在全麥麵團裡裹入切成條狀的奶油。烘烤時奶油會融化流出，讓奶油捲底部變得酥脆。撒在上方的岩鹽鹹味也能讓奶油捲變得更美味。

材料（6個分）

[麵團]
高筋麵粉…220g
全麥麵粉…30g
砂糖…2小匙（10g）
鹽…1小匙（5g）
乾酵母粉…1小匙（4g）
溫水…180㎖

無鹽奶油…30g
食用油…少許
岩鹽…1/2小匙

(準備作業)

●奶油切成6等分條狀，置於冰箱冷藏備用。

●烤盤鋪放烘焙紙。

●烘烤前烤箱先預熱190℃。

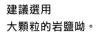
建議選用
大顆粒的岩鹽呦。

作法

1　將麵團所有材料放入保鮮盒，用刮板推開、切拌2分鐘，讓材料混勻。

2　混合均勻後，將麵團集中在容器中間，蓋上蓋子。準備比保鮮盒大一點的容器，倒入60℃溫水，將麵團連同保鮮盒隔水加溫（第一次發酵）。

3　30～40分鐘後，麵團膨脹成2～2.5倍的話，就可以結束第一次發酵。從盒中取出麵團放在作業台上。撒點手粉（高筋麵粉／分量外），用手按壓麵團排氣。

4　將麵團分成6等分（精準秤重），搓揉成圓錐形後，靜置10分鐘（醒麵）。

5　用手將醒好的麵團壓平，用擀麵棍邊擀邊輕輕拉長前端，擀成寬8cm、長30cm的細長三角形。

6　在三角形的底放上條狀奶油，慢慢將麵團捲起（A）。

7　捲好的麵團收口朝下，等距排列於烤盤。

8　麵團兩邊用手指捏壓整型（B），蓋上乾布，置於溫暖處（最後發酵）。

9　30～40分鐘後，麵團膨脹成2倍的話，就可在表面塗抹蛋液，撒點岩鹽（C）。接著放入預熱190℃的烤箱烘烤12～15分鐘。

材料（3個容量600ml磅蛋糕烤模）

[麵團]
高筋麵粉…270g
砂糖…2大匙（20g）
鹽…1小匙（5g）
乾酵母粉…1小匙（4g）
原味優格…120g
熱水…120㎖
無鹽奶油…10g

（準備作業）

●奶油回溫放軟。

●用餐巾紙或毛刷在烤模內側及蓋子塗抹
食用油或奶油（分量外）。

●烘烤前烤箱先預熱170℃。

相同分量的
材料也能用
1斤的烤模呦。

作法

1 混合優格及熱水，將液體溫度調整至40℃左右。

2 將奶油除外的所有材料放入保鮮盒，用刮板充分
混合材料，直到看不見粉末。

3 將拌勻的麵團鋪平於容器中。蓋上蓋子，靜置於
室溫15分鐘。

4 15分鐘後，加入變軟的奶油，以切拌方式混合奶
油與麵團，直到麵團質地變得鬆柔。

5 混合均勻後，將麵團集中在容器中間，蓋上蓋
子。準備比保鮮盒大一點的容器，倒入60℃
溫水，將麵團連同保鮮盒隔水加溫（第一次發
酵）。

6 30～40分鐘後，麵團膨脹成2～2.5倍的話，就可
以結束第一次發酵。

7 從盒中取出麵團放在作業台上。撒點手粉（高筋
麵粉／分量外），用手按壓麵團排氣。將麵團分
成9等分（精準秤重），拉開麵團沒有皺褶的部
分，整成圓形，讓麵團表面變得繃彈。靜置室溫
5分鐘（醒麵）。

8 用手按壓醒好的麵團排氣，接著再次整圓
（**A**）。麵團收口朝下，將3顆麵團排入烤模中
（**B**）。

9 用浴帽蓋住烤模，置於溫暖處（最後發酵）。

10 30～40分鐘後，麵團會膨脹成3倍，當麵團膨脹
到比烤模高出1cm時（**C**），就能放入預熱170℃
的烤箱烘烤15分鐘。

11 出爐後，立刻將烤模敲打桌面數次，讓餐包脫
模。

將麵團重新整圓
讓表面變得光滑，
烤出來的餐包
才會膨柔呦。

A

B

C

優格小餐包

用磅蛋糕的模型，也能烤出大小剛好方便食用的小餐包。口感Q彈軟嫩，是孩子們也會很愛的滋味。這種小餐包可以做成三明治，也很適合和各種果醬搭配享用呦。

混合	靜置	拌勻奶油	第一次發酵	揉圓	醒麵	整型	最後發酵	烘烤
1 分鐘	**15** 分鐘	**5** 分鐘	**30~40** 分鐘	**3** 分鐘	**5** 分鐘	**3** 分鐘	**30~40** 分鐘	**15** 分鐘

免烤模手撕麵包

烘焙時絕對少不了的「手撕麵包」就算沒用到烤模，也能輕鬆做出鬆軟成品。各位不妨在大小適中的帶甜麵團中，加入喜愛的配料。

混合	第一次發酵	揉圓	靜置	整型	最後發酵	最後加工	烘烤
2分鐘	**30~40**分鐘	**5**分鐘	**5**分鐘	**5**分鐘	**30~40**分鐘	**5**分鐘	**15**分鐘

材料（烤好成品的大小約25×25cm 1個分）

- -

［麵團］

高筋麵粉…300g

砂糖…3大匙（30g）

鹽…1小匙（5g）

乾酵母粉…1小匙（4g）

牛奶…160㎖

熱水…80㎖

無鹽奶油…10g

［最後加工］

蛋液…2大匙

杏仁片…32片

葡萄乾…16顆

巧克力豆…32顆

準備作業

●烤盤鋪放烘焙紙。

●烘烤前烤箱先預熱180℃。

這裡是在一開始就先把融化的奶油加入麵團裡呦。烤出來的麵包口感會比較鬆軟輕盈。

作法

1

奶油放入熱水融化，再與牛奶混合，將液體溫度調整至40℃左右。

2

要拌勻到麵團表面變得滑順呦。

將麵團所有材料放入保鮮盒，用刮板充分混合材料，直到看不見粉末。繼續攪拌2分鐘，確實混合材料。

3

混合均勻後，將麵團集中在容器中間，蓋上蓋子。準備比保鮮盒大一點的容器，倒入60℃溫水，將麵團連同保鮮盒隔水加溫（第一次發酵）。

4

30～40分鐘後，麵團膨脹成2～2.5倍的話，就可以結束第一次發酵。

5

從盒中取出麵團放在作業台上。撒點手粉（高筋麵粉／分量外），用手按壓麵團排氣。

6

用刮板切16等分（以磅秤精準秤重）。

7

拉開麵團沒有皺褶的部分，整成圓形，讓麵團表面變得繃彈。靜置室溫5分鐘（醒麵）。

8

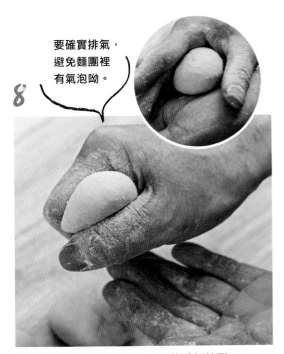

要確實排氣，避免麵團裡有氣泡呦。

再次按壓醒好的麵團排氣，接著重新整圓。

9

只要像這樣等距排列於烤盤，就算沒有烤模，烤出來的成品還是會很漂亮呦。

麵團收口朝下，排在鋪有烘焙紙的烤盤，每顆間隔5mm。蓋上乾布，置於溫暖處（最後發酵）。

10

30～40分鐘後，麵團會膨脹成2倍，麵團間沒有間隙時，就可在表面塗抹蛋液。

11

趁蛋液還沒乾掉前擺上裝飾呦。

用杏仁片、葡萄乾、巧克力豆做出動物的臉。放入預熱180℃的烤箱烘烤15分鐘。

巧克力麵包棒

在加了可可粉的麵團裡混入巧克力豆，就能做出像甜點的麵包。製作時不用準備烤模，切成條狀就能烘烤，非常簡單呢。

混合	第一次發酵	揉圓	醒麵	整型	最後發酵	烘烤
2分鐘	30~40分鐘	1分鐘	5分鐘	10分鐘	30~40分鐘	12分鐘

材料（10條分）

[麵團]
高筋麵粉…200g
可可粉…10g
砂糖…3大匙（27g）
鹽…1/2小匙（3g）
乾酵母粉…2/3小匙（3g）
熱水…100mℓ
牛奶…40mℓ
無鹽奶油…10g

巧克力豆…60g
精製白糖…20g

準備作業

●烤盤鋪放烘焙紙。

●烘烤前烤箱先預熱180℃。

拉出四個邊角，才能烤出漂亮的麵包棒呦。

作法

1　奶油放入熱水融化，再與牛奶混合，將液體溫度調整至40℃左右。

2　麵團材料全部放入保鮮盒，用刮板充分混合材料，直到看不見粉末。繼續攪拌2分鐘，確實混合材料。

3　混合均勻後，將麵團集中在容器中間，蓋上蓋子。準備比保鮮盒大一點的容器，倒入60℃溫水，將麵團連同保鮮盒隔水加溫（第一次發酵）。

4　30～40分鐘後，麵團膨脹成2倍的話，就可以結束第一次發酵。將巧克力豆加入盒中，用刮板充分拌勻。

5　從盒中取出麵團放在作業台上。撒點手粉（高筋麵粉／分量外），將麵團整圓，靜置室溫5分鐘（醒麵）。

6　用手將醒好的麵團壓平，接著用擀麵棍擀成15cm×20cm長方形。再用手拉整出四個邊角。

7　在麵團上均勻撒入白糖（**A**），輕輕用手按壓。

8　以刮板切成10等分的條狀（**B**），排列於烤盤。蓋上乾布，置於溫暖處（最後發酵）。

9　30～40分鐘後，麵團變厚成2倍的話，就能放入預熱180℃的烤箱烘烤12分鐘。

用手按壓精製白糖，與麵團混合。

A

B

北歐風肉桂捲

在加了小荳蔻的辣味麵團中捲入肉桂醬,就是風味多元豐富的麵包。烤到焦脆的肉桂捲口感其實膨鬆Q彈,卻又能一口咬開來,非常具特色。

混合	第一次發酵	整型	最後發酵	最後加工	烘烤
2分鐘	**30~40**分鐘	**20**分鐘	**30~40**分鐘	**1**分鐘	**12**分鐘

材料（10顆分）

[麵團]
高筋麵粉…200g
低筋麵粉…100g
砂糖…2大匙（20g）
鹽…1小匙（5g）
乾酵母粉…1小匙（5g）
小荳蔻（顆粒或粉末）…2小匙
蛋液…40g
牛奶…100㎖
熱水…60㎖
無鹽奶油…30g

[肉桂醬]
無鹽奶油…15g
砂糖…20g
肉桂粉…1～3小匙
※想要甜一點的話，肉桂醬用量可以加倍。

[最後加工]
蛋液…2大匙
裝飾用糖粒、白雙糖等…適量

準備作業

●肉桂醬的奶油回溫放軟。

●烤盤鋪放烘焙紙。

●烘烤前烤箱先預熱190℃。

肉桂也可以換成
可可或抹茶口味，
一樣很好吃呦。

1

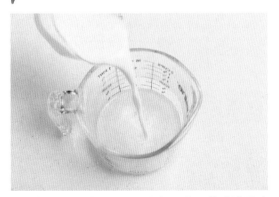

奶油放入熱水融化，再與牛奶混合，將液體溫度
調整至40℃左右。

2

麵團材料全部放入保鮮盒，用刮板充分混合材
料，直到看不見粉末。繼續攪拌2分鐘，確實混合
材料。

3

混合均匀後，將麵團集中在容器中間，蓋上蓋子。準備比保鮮盒大一點的容器，倒入60℃溫水，將麵團連同保鮮盒隔水加溫（第一次發酵）。

4

置於室溫
放軟備用。

將肉桂醬的材料充分拌勻成膏狀。

5

30～40分鐘後，麵團膨脹成2～2.5倍的話，就可以結束第一次發酵。

6

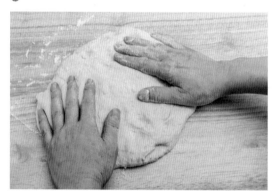

從盒中取出麵團放在作業台上。撒點手粉（高筋麵粉／分量外），用手按壓麵團排氣。

7

50cm

20cm

用手將麵團壓成20×50cm的長方形，並在麵團表面均勻塗滿4。

8

左邊捲一點再捲右邊，交互
捲起的粗度會比較均勻呦。

將手邊的麵團上折1cm做出中間的芯，慢慢將麵團捲起。

9

捲好後不用收口,以刮板切10等分。

10

攤開麵團重捲,每個肉桂捲的形狀都是獨一無二呦。

將切好的麵團一個個攤開重捲。

11

用手指從中間用力下壓,壓出凹痕。

12

捲好的收口朝下,等距排列於烤盤。蓋上乾布,置於溫暖處(最後發酵)。

13

30～40分鐘後,麵團會膨脹成2倍後,就可在表面塗抹蛋液,撒上裝飾用砂糖。接著放入預熱190℃的烤箱烘烤12分鐘。

北歐風的肉桂捲
不會過甜,
還能感受到小荳蔻的
清爽香氣呢。

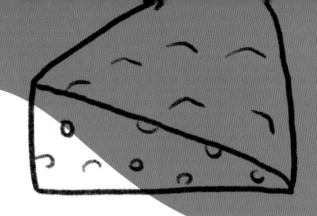

Part 4

免烤模
輕鬆做的
橄欖油麵包

添加橄欖油的麵團對初學者來說難度不高，因此
很受歡迎。佛卡夏、披薩這類麵團不用二次發
酵，只要將麵團推開來就能進爐烘烤。麵團容易
處理，想到隨時都能輕鬆做，還能變換裝飾的佐
料或內餡，非常有趣。與蔬菜、起司甚至是義式
料理食材都極為相搭。

烘焙初學者
從這樣開始嘗試，
就不用擔心
會失敗呦！

完熟番茄佛卡夏 **P.70**

混合	第一次發酵	整型	醒麵	最後加工	烘烤
2分鐘	**30~40**分鐘	**5**分鐘	**15**分鐘	**2**分鐘	**20**分鐘

完熟番茄佛卡夏

麵團的水分全來自番茄，不僅能品嘗到番茄濃郁的鮮味，也非常養生。麵團整型簡單，輕鬆就能製作。當然也可以切成大塊，做成義式風味三明治享用呦。

材料（烤好成品的大小約15×20cm 1片分）

[麵團]
高筋麵粉…300g
砂糖…1大匙（10g）
鹽…1小匙（5g）
乾酵母粉…1小匙（4g）
橄欖油…2大匙
熟番茄…淨重250～300g
去掉蒂頭，切成1cm塊狀。
連同汁液和番茄籽一起秤重。
或使用水煮番茄罐頭…250g

最後加工用橄欖油…3～4大匙

高筋麵粉　熟番茄　鹽　橄欖油　砂糖　乾酵母粉

準備作業

● 烤盤鋪放烘焙紙。
● 熟番茄去掉蒂頭，切成1cm塊狀。
● 烘烤前烤箱先預熱200℃。

要使用顏色紅透，熟到變軟的番茄呦。

Arrange

也可以換成櫛瓜、山茼蒿等其他蔬菜

麵團裡的番茄也可以換成300～340g連皮磨泥的櫛瓜，就是櫛瓜佛卡夏呦。最後還可以擺上櫛瓜切片裝飾。

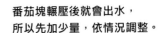

番茄塊輾壓後就會出水，
所以先加少量，依情況調整。

麵團材料全部放入保鮮盒。

用刮板搗爛番茄，拌勻2分鐘，使材料充分混合。
因為加了番茄的關係，水分量會改變，所以要調
整到能夠輕鬆拌勻的狀態。

麵團整個變成番茄的顏色後，鋪平於容器中。

蓋上蓋子，準備比保鮮盒大一點的容器，倒入
60℃溫水，將麵團連同保鮮盒隔水加溫（第一次
發酵）。※炎熱夏天不用隔水加溫，直接放室溫
發酵即可。

5

30～40分鐘後，麵團變厚成2～2.5倍的話，就可以結束第一次發酵。在麵團表面和烘焙紙撒上手粉（高筋麵粉／分量外），刮板也要沾點手粉。

6

將刮板插入容器與麵團間，輕輕刮下麵團。

7

保鮮盒倒扣，就能輕鬆取出麵團。

8

麵團無須排氣，
直接整型即可。

在取出的麵團表面撒點手粉。

9

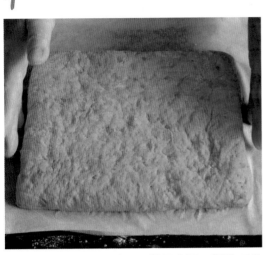

用手整成厚2cm的長方形。抹平表面，靜置15分鐘（醒麵）。

10

手指用力
插到麵團底部。

用手指在麵團上搓出15～16個洞。

11

橄欖油要夠多
才會好吃呦。

將橄欖油倒入洞內。

12

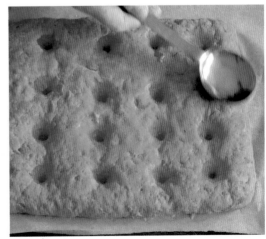

麵團表面也要均勻塗抹橄欖油。放入預熱200℃的烤箱烘烤20分鐘。

乳酪麵包

在鬆軟的麵團裡拌入大量披薩用乳酪絲，就能做出乳酪愛好者毫無招架之力的麵包。表面烤到硬脆，裡頭的起司溶化後口感Q彈，會讓人一口接一口停不下來呢。

混合	靜置	展延重疊	第一次發酵	拌勻乳酪	整型	最後發酵	烘烤
1分鐘	30分鐘	1分鐘	30~40分鐘	2分鐘	5分鐘	30~40分鐘	20分鐘

材料（烤好成品的直徑約18cm 1個分）

［麵團］
高筋麵粉⋯300g
砂糖⋯1小匙（3g）
鹽⋯1小匙（5g）
乾酵母粉⋯1小匙（4g）
橄欖油⋯2大匙
溫水⋯210㎖

乳酪絲⋯200g

準備作業

●烤盤鋪放烘焙紙。

●烘烤前烤箱先預熱180℃。

也可以
分切成數塊後
再進爐烘烤。

作法

1　麵團材料全部放入保鮮盒，用刮板充分混合材料，直到看不見粉末。

2　將拌勻的麵團鋪平於容器中。蓋上蓋子，靜置於室溫30分鐘。

3　30分鐘後，用刮板拉開麵團再折疊，重複10次左右（**A**）。

乳酪絲和麵團
一起切拌，
就能輕鬆拌勻呦。

4　將麵團集中在容器中間，蓋上蓋子。準備比保鮮盒大一點的容器，倒入60℃溫水，將麵團連同保鮮盒隔水加溫（第一次發酵）。

5　30～40分鐘後，麵團膨脹成2～2.5倍的話，就可以結束第一次發酵。乳酪絲加入盒中，用麵團裹住乳酪絲的方式將兩者拌勻（**B**）。從盒中取出麵團放在作業台上。撒點手粉（高筋麵粉／分量外），拉開麵團沒有皺褶的部分，整成圓形，讓麵團表面變得繃彈（**C**）。

6　放上烤盤，蓋上乾布，置於溫暖處（最後發酵／**D**）。

7　30～40分鐘後，麵團膨脹成2倍的話，就能結束發酵（**E**）。若麵團拓開，則可用刮板集中整圓。

8　放入預熱180℃的烤箱烘烤20分鐘。

材料（烤好成品的大小約28×20cm 1片分）

- -

[麵團]
高筋麵粉…150g
砂糖…1小匙（3g）
鹽…1/2小匙（3g）
乾酵母粉…1/2小匙（2g）
橄欖油…2小匙
溫水…100㎖

[披薩醬]
番茄泥…200g
橄欖油…1大匙
蒜泥…1小匙
鹽…1/2小匙
乾燥香草…少許

[裝飾佐料]
披薩用乳酪、培根、番茄、青椒、
洋蔥等…各適量

準備作業

●將披薩醬的材料放入600W微波爐加熱
 1分鐘（**A**），途中要取出攪拌一下。

●烤盤鋪放烘焙紙。

●烘烤前烤箱先預熱200℃。

各位可以隨興
調整披薩皮的
形狀及大小呦。

擺上大量
蔬菜的話，披薩會
變得很多汁呦。

 作法

1 麵團材料全部放入保鮮盒，用刮板充分混合材料，直到看不見粉末。

2 看不見粉末後，就可將拌勻的麵團鋪平於容器中。蓋上蓋子，靜置於室溫30分鐘。

3 30分鐘後，用刮板拉開麵團再折疊，重複10次左右。

4 將麵團集中在容器中間，蓋上蓋子。準備比保鮮盒大一點的容器，倒入60℃溫水，將麵團連同保鮮盒隔水加溫（第一次發酵）。

5 30～40分鐘後，麵團膨脹成2～2.5倍的話，就可以結束第一次發酵。從盒中取出麵團放在作業台上，拉開麵團沒有皺褶的部分，整成圓形，讓麵團表面變得繃彈。接著擀成和烤盤差不多大的大小，放上烤盤，用手推開整（**B**）。

6 在麵團表面塗抹披薩醬，擺上配料。

7 放入預熱200℃的烤箱烘烤15分鐘。

蔬菜披薩

披薩的餅皮也算是一種麵包。麵團本身柔軟好拉伸,處理難度也不高,還能放上自己喜歡的配料。披薩醬雖然是用微波爐製成,工序簡單,但味道可是非常道地呦。

混合	靜置	展延重疊	第一次發酵	整型	烘烤
1 分鐘	**30** 分鐘	**1** 分鐘	**30~40** 分鐘	**5** 分鐘	**15** 分鐘

Q&A 之二

Q7

為什麼有時候發酵的時間會比較長？

A 做麵包的環境溫度太低，或是麵團太過冰涼都會拉長發酵時間。改加溫水、隔水加溫都是為了讓麵團保溫，維持在容易發酵的溫度。麵團內部溫度達25℃左右才能促進發酵。放入烤模內的麵包或吐司麵團中心處要達到25℃必須花費更長的時間，所以會建議再稍微拉高發酵溫度。不過，只要放在室溫環境中，麵團還是會慢慢發酵。

Q8

烘烤微波爐也可以烤麵包嗎？一定要預熱嗎？

A 只要有烘烤功能，就能烤麵包。另外，烤箱預熱非常重要，如果沒有預熱，或是預熱溫度不足，將有可能拉長麵包烤好的時間，也有可能使麵團裡的水分蒸發，導致外面硬梆梆，裡頭質地鬆散。建議各位先嘗試烘烤個幾次看看，才能掌握使用的烤箱火力及特性。

Q9

要怎麼看發酵的程度？

A 第一次發酵基本上麵團要膨脹成2～2.5倍的大小。會請各位第一次發酵時，將麵團集中在容器中間，或是將麵團整圓，就是為了更清楚掌握大小變化。
最後發酵結束的最佳時間點，是麵團即將膨脹到最大程度之前。麵包種類不同，膨脹程度也會有所差異，但基本上會變大1.5～3倍。等距排列在烤盤上，觀察麵團與烤盤的距離就能大致掌握膨脹程度。

Q10

為什麼麵包只有上面焦掉，四周邊緣卻還沒烤熟呢？

A 這是因為烤爐內空間和烤模的搭配性不佳，導致熱無法對流或對流不均。
建議拉長預熱時間，試著用比較高的預熱溫度烘烤看看。表面烤出顏色後，就先將麵包蓋上鋁箔紙，以拉長烘烤時間的方式處理應該會有幫助。如果麵包的烘烤程度不均，則可以等烤出淡淡顏色，麵團開始變硬後，將烤盤轉向。

Q 11

為什麼我用食譜裡的溫度烘烤，卻烤不出顏色，變成半生不熟的麵包？

A 有些烤箱的標示溫度可能和內部溫度有落差，以致實際溫度並沒有那麼高。另外，打開預熱好的烤箱時，內部溫度可能會瞬間掉個10～20℃，所以務必迅速放入烤盤，以免影響預熱好的溫度。如果這樣麵包還烤不出顏色，可以試著拉長預熱時間，或是以比食譜高一些的溫度烘烤。各位要觀察烘烤過程中麵包的上色狀態，找出最佳溫控烘烤條件。還要記住別同時放入2塊烤盤、拉大麵包間的間距、不要一次烤太大量等幾個重點。

Q 13

為什麼吐司烤出爐時，要敲打烤模呢？

A 剛出爐的麵包內部充滿水蒸氣，所以很軟，也非常沉甸。拿出來就放著不管的話，吐司會受中間的重力拉扯，導致外圍凹陷，或變形傾倒。所以吐司一出爐後要先敲打，盡快排出裡頭的熱蒸氣，預防縮腰變形。

Q 12

為什麼烤出爐的麵包有孔洞？

A 這是因為麵團排氣做得不夠。尤其是吐司的烘烤時間較長，殘留在麵團裡的氣泡很容易在烘烤時遇熱膨脹。用擀麵棍擀開麵團時，也要記得從邊緣開始擀出空氣，徹底排出發酵或醒麵時產生的二氧化碳呦。

Q 14

為什麼烤好的麵包會縮水？

A 麵包烘烤後多少都會縮水，這是無法避免的事。麵包裡的氣體和水蒸氣會在烤好的時候排出來，使麵包體積縮小。如果縮水得很嚴重，則有可能是因為烘烤不足，或是過度發酵，導致麵團膨脹過頭。

過度發酵會產生過量的二氧化碳，導致麵包像這樣縮水呦。

Part 5

適合配餐的
法國麵包
與其他同質麵包

以蛋白質含量較低的麵粉製成，平常就能品嘗
享受的LEAN類麵包。高筋麵粉中摻雜了低筋麵
粉，能呈現出輕盈感。咬下去時的口感酥脆，經
熟成後就能變Q彈的簡單麵包反而適合搭配各式
料理。烘烤溫度和佐料能為麵包的口感及視覺外
觀帶來變化。

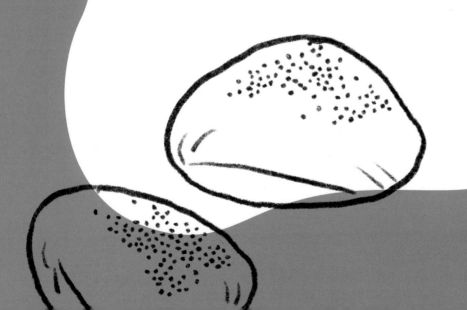

處理法國麵包的麵團時
必須夠溫柔！小心
別破壞掉裡頭的氣泡呦。

熟成法國麵包 P.82

混合	靜置	混合	第一次發酵	整型	最後發酵	最後加工	烘烤
1分鐘	30分鐘	5分鐘	10小時	10分鐘	1小時	1分鐘	15分鐘

熟成法國麵包

耗時慢慢發酵的麵團烘烤後表面會非常硬脆，裡頭則是Q彈有嚼勁。材料除了麵粉、酵母粉外，只添加鹽，是能完整品嘗到麵粉風味的基本款硬質麵包。

材料（烤好成品的長度約26cm 2條分）

［麵團］
法國麵包專用粉…250g
水…180㎖
鹽…1小匙（5g）
乾酵母粉…1/4小匙（1g）

手粉用高筋麵粉…適量

準備作業

●烤盤鋪放烘焙紙。

●烘烤前烤箱先預熱190℃。

法國麵包專用粉
水
鹽
乾酵母粉

自然形成的氣泡
是美味關鍵，
所以要小心
別壓破氣泡了。

作法

靜置過的麵團
會變得更好拉開呦。

1

將麵粉與水倒入保鮮盒充分拌勻。

2

拌到看不見粉末後，將拌勻的麵團鋪平於容器中。

3

蓋上蓋子，靜置於室溫30分鐘。

4

30分鐘後，將酵母粉均勻撒在麵團上，接著用刮板混拌。

5

為了避免麵團過度出筋，最後再加鹽。

酵母粉完全拌勻後，加鹽混拌。

6

用刮板切拌2分鐘，確實拌勻麵團。

7

將麵團集中在容器中間，蓋上蓋子。

8

靜置室溫1晚（約10小時）。若室溫超過20℃，則改放冰箱冷藏（第一次發酵）。

9

讓麵團長時間發酵，麵團才能徹底熟成，有助提升香氣及風味。

隔天早上，麵團會鋪滿整個保鮮盒，膨脹成2～2.5倍的話，就可以結束第一次發酵。

10

在麵團表面及作業台撒上手粉，刮板也要沾點手粉。

11

將刮板插入容器與麵團間，輕輕刮下麵團。

12

要盡量避免動到麵團。

保鮮盒倒扣，讓麵團慢慢脫落。

13

最後用刮板輕輕刮下麵團。

14

麵團無須排氣，用刮板直接切2等分。

15

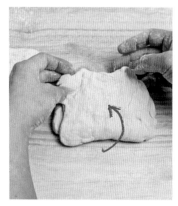

對齊麵團邊角，內折2次變3等分。

16

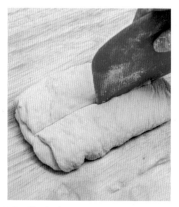

用刮板在中間壓出一條折線。

17

托起並稍微拉開麵團，往靠近身體的方向對折。

18

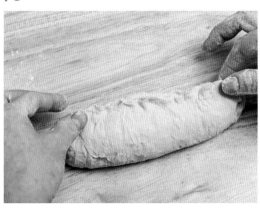

麵團對折後，用手指捏緊收口。

19

用手掌輕推麵團，不要出力。

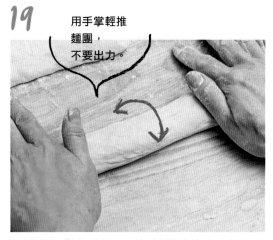

麵團表面撒上手粉，用輕輕推滾的方式撫平收口。慢慢將麵團均勻推成約25cm的長度。

20

1張烘焙紙放1條麵團。

將烘焙紙裁切成能輕鬆裹住麵團的大小，鋪放在烤盤，接著擺上收口朝下的麵團。

21

因為麵團比較軟，這樣能避免麵團拓開來。

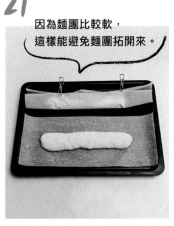

用烘焙紙包起麵團，以夾子固定。

22

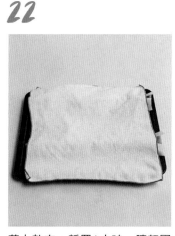

蓋上乾布，靜置1小時，讓麵團膨脹成2倍（最後發酵）。

23

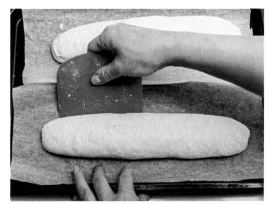

1小時後，小心地打開烘焙紙，若麵團有拓開變胖，則可用刮板集中整型。

24

畫切痕時，要用鋒利的刀子一氣呵成。

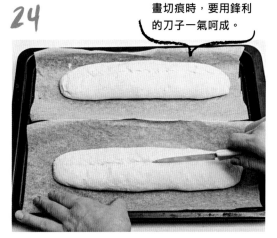

麵團表面撒上手粉，從中間畫出一道切痕（深度約5mm）。放入預熱250℃的烤箱烘烤15分鐘。

牛奶法國麵包

在家也能輕鬆做出麵包店的人氣滋味。口感酥脆，中間夾入
手工奶油抹醬，就是非常受歡迎的麵包呢。

混合	第一次發酵	揉圓	醒麵	整型	最後發酵	最後加工	烘烤
2分鐘	**30~40**分鐘	**2**分鐘	**5**分鐘	**15**分鐘	**30~40**分鐘	**1**分鐘	**12~15**分鐘

材料（6條分）

[麵團]
高筋麵粉…150g
低筋麵粉…50g
→或是法國麵包專用粉…200g
砂糖…1大匙（10g）
鹽…2/3小匙（3g）
乾酵母粉…2/3小匙（3g）
牛奶…100㎖
熱水…50㎖

[奶油抹醬]
無鹽奶油…60g
砂糖…20g
煉乳…20g

準備作業

●奶油抹醬的奶油回溫放軟。將材料拌勻。

●烤盤鋪放烘焙紙。

●烘烤前烤箱先預熱190℃。

要盡量拉成
細長狀呦。

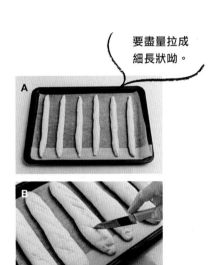

 作法

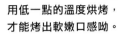 用低一點的溫度烘烤，
才能烤出軟嫩口感呦。

1 混合牛奶及熱水，將液體溫度調整至40℃左右。

2 麵團材料全部放入保鮮盒，用刮板切拌、拉伸麵團2分鐘左右，讓材料均勻混合。

3 將麵團集中在容器中間，蓋上蓋子。準備比保鮮盒大一點的容器，倒入60℃溫水，將麵團連同保鮮盒隔水加溫（第一次發酵）。

4 30～40分鐘後，麵團膨脹成2～2.5倍的話，就可以結束第一次發酵。從盒中取出麵團放在作業台上。撒點手粉（高筋麵粉／分量外），用手按壓麵團排氣。

5 用刮板將麵團分成6等分（以磅秤精準秤重）。拉開麵團沒有皺褶的部分，整成圓形，讓麵團表面變得繃彈。靜置室溫5分鐘（醒麵）。

6 用手按壓醒好的麵團排氣，再以擀麵棍擀成直徑10cm的圓形。

7 麵團內折2次變3等分，用刮板在中間壓出一條折線。托起並稍微拉開麵團，往靠近身體的方向對折。麵團對折後，用手指捏緊收口。

8 麵團表面撒上手粉，用輕輕推滾的方式撫平收口。慢慢將麵團均勻推成約20cm的長度。等距排列於烤盤（A），蓋上乾布，置於溫暖處（最後發酵）。

9 30～40分鐘後，麵團膨脹成2倍時，就能在表面撒上手粉，並斜畫出五道深度約5mm的切痕（B）。

10 放入預熱190℃的烤箱烘烤12～15分鐘。

11 烤好後置於網架上完全放涼。接著下刀畫出切痕，夾入奶油抹醬（C）。

適合配餐的法國麵包與其他同質麵包

材料（5條分）

- -

［麵團］
高筋麵粉…200g
低筋麵粉…50g
→或是法國麵包專用粉…250g
砂糖…1大匙（10g）
鹽…1小匙（5g）
乾酵母粉…1小匙（4g）
溫水…175㎖

［明太子奶油醬］
辣味明太子…30g
奶油…30g
檸檬汁…1/2小匙

海苔粉…少許

準備作業

●製作明太子奶油醬時，先撕掉辣味明太子的薄膜，奶油回溫放軟，接著將所有材料拌勻。
●烤盤鋪放烘焙紙。
●烘烤前烤箱先預熱220℃。

塗抹明太子奶油醬後，要再進爐烘烤呦。

作法

1 麵團材料全部放入保鮮盒，用刮板充分混合材料，直到看不見粉末。

2 將拌勻的麵團鋪平於容器中。蓋上蓋子，靜置於室溫15分鐘。

3 15分鐘後，用刮板拉開麵團再折疊，重複10次左右。

4 將麵團集中在容器中間，蓋上蓋子。準備比保鮮盒大一點的容器，倒入60℃溫水，將麵團連同保鮮盒隔水加溫（第一次發酵）。

5 30～40分鐘後，麵團膨脹成2～2.5倍的話，就可以結束第一次發酵。從盒中取出麵團放在作業台上。撒點手粉（高筋麵粉／分量外），用手按壓麵團排氣。

6 用刮板將麵團分成5等分（以磅秤精準秤重）。拉開麵團沒有皺褶的部分，整成圓形，讓麵團表面變得繃彈。靜置室溫5分鐘（醒麵）。

7 用手按壓醒好的麵團排氣，再以擀麵棍擀成直徑10cm的圓形。麵團內折2次變3等分，用刮板在中間壓出一條折線。托起並稍微拉開麵團，往靠近身體的方向對折。麵團對折後，用手指捏緊收口。

8 麵團表面撒上手粉，用輕輕推滾的方式撫平收口。慢慢將麵團均勻推成約18cm的長度。等距排列於烤盤（A），蓋上乾布，置於溫暖處（最後發酵）。

9 30～40分鐘後，麵團膨脹成2倍時，就能在表面撒上手粉，並縱切出深度約5mm的切痕（A）。

10 放入預熱220℃的烤箱烘烤15分鐘。

11 烤好後，在裂開的切痕塗抹明太子奶油醬（B）。將烤箱溫度降至180℃，繼續烘烤10分鐘。出爐後，撒上海苔粉。

明太子法國麵包

爽脆口感的麵包中，明太子奶油醬的鹹味充滿尾韻，是讓人毫無招架之力的美味。除了可以當輕食享用，也非常適合作為下酒菜或點心品嘗。

混合	靜置	展延重疊	第一次發酵	揉圓
1分鐘	15分鐘	1分鐘	30~40分鐘	5分鐘

醒麵	整型	最後發酵	烘烤	最後加工	烘烤
5分鐘	15分鐘	30~40分鐘	15分鐘	2分鐘	10分鐘

橄欖油鄉村麵包

作法簡單，無須發酵兩次，只要用刮板切成適當大小加以烘烤，輕輕鬆鬆便能完成。每個形狀都不同，烤出來都有自己的特色，相當有趣。還可以加放自己喜歡的配料呦！

混合	靜置	展延重疊	第一次發酵	整型	最後加工	烘烤
1分鐘	30~60分鐘	1分鐘	30~40分鐘	5分鐘	1分鐘	15分鐘

材料（依自己喜愛的大小 6～12顆分）

[麵團]
高筋麵粉…300g
砂糖…1小匙（3g）
鹽…1小匙（5g）
乾酵母粉…1小匙（4g）
溫水…210㎖

[最後加工]
橄欖油…80～100㎖
帕瑪森乳酪…2大匙
蒜泥…2小匙
乾酵母粉…2小匙
岩鹽…2小匙

準備作業

●烤盤鋪放烘焙紙。

●烘烤前烤箱先預熱220℃。

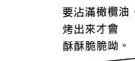

要沾滿橄欖油，
烤出來才會
酥酥脆脆呦。

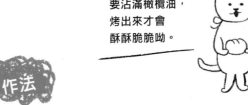

沾裏橄欖油的時候，
要將麵團
整個浸入油中。

作法

1 麵團材料全部放入保鮮盒，用刮板充分混合材料，直到看不見粉末。

2 將拌勻的麵團鋪平於容器中。蓋上蓋子，靜置於室溫30～60分鐘。

3 靜置完後，用刮板拉開麵團再折疊，重複10次左右。

4 將麵團集中在容器中間，蓋上蓋子。準備比保鮮盒大一點的容器，倒入60℃溫水，將麵團連同保鮮盒隔水加溫（第一次發酵）。

5 30～40分鐘後，麵團膨脹成2～2.5倍的話，就可以結束第一次發酵。橄欖油倒入小碗。麵團無須排氣，用刮板切小塊後，浸入碗中（**A**）。

6 排列於烤盤（**B**），佐上各種喜愛的配料。

7 放入預熱220℃的烤箱烘烤15分鐘。

卡門貝爾乳酪
蜂蜜法式橄欖麵包

質地輕盈的法國麵包麵團裡包了卡門貝爾乳酪，還澆淋大量蜂蜜，烘烤後口感硬脆。麵包的甜鹹滋味展現出絕佳的協調性。

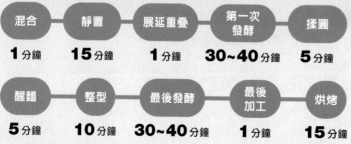

混合	靜置	展延重疊	第一次發酵	揉圓
1分鐘	15分鐘	1分鐘	30~40分鐘	5分鐘

醒麵	整型	最後發酵	最後加工	烘烤
5分鐘	10分鐘	30~40分鐘	1分鐘	15分鐘

材料（6個分）

[麵團]
高筋麵粉…200g
低筋麵粉…50g
→或是法國麵包專用粉…250g
砂糖…1大匙（10g）
鹽…1小匙（5g）
乾酵母粉…1小匙（4g）
溫水…175㎖

卡門貝爾乳酪…100g
蜂蜜…適量

準備作業

●卡門貝爾乳酪切6等分。

●烤盤鋪放烘焙紙。

●烘烤前烤箱先預熱200℃。

換成自己喜歡的
乳酪種類
也是很好吃呦。

1

麵團材料全部放入保鮮盒，用刮板充分混合材料，直到看不見粉末。

2

將拌勻的麵團鋪平於容器中。蓋上蓋子，靜置於室溫15分鐘。

3

15分鐘後，用刮板拉開麵團再折疊，重複10次左右。

4

將麵團集中在容器中間，蓋上蓋子。準備比保鮮盒大一點的容器，倒入60℃溫水，將麵團連同保鮮盒隔水加溫（第一次發酵）。

5

30～40分鐘後，麵團膨脹成2～2.5倍的話，就可以結束第一次發酵。從盒中取出麵團放在作業台上。撒點手粉（高筋麵粉／分量外），用手按壓麵團排氣。

6

用刮板將麵團分成6等分（以磅秤精準秤重）。拉開麵團沒有皺褶的部分，整成圓形，讓麵團表面變得繃彈。靜置室溫5分鐘（醒麵）。

7

用手按壓醒好的麵團排氣，再以擀麵棍擀成直徑10cm的圓形。

8

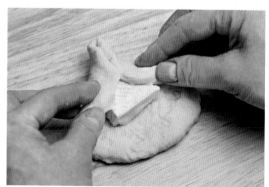

乳酪擺在麵團中間，從左右兩邊將麵團往內折，蓋住一半的麵團，做出山的形狀。

卡門貝爾乳酪蜂蜜法式橄欖麵包

9

將山的頂端往下折。

10

將麵團往身體方向
裹起，讓下方的
麵團拉伸開來。

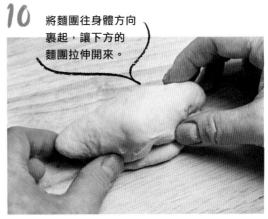

將麵團整個往身體方向翻動，包住下折的部分。

11

捏緊收口。

12

麵團兩邊要捏緊，這樣
發酵後的形狀就會很漂亮。

用手指捏緊左右兩邊，做出檸檬的形狀。收口朝
下，等距排列於烤盤。蓋上乾布，置於溫暖處
（最後發酵）。

13

切痕要夠深，烤出來的
法式橄欖麵包才會漂亮。

30～40分鐘後，麵團膨脹成1.5倍的話，就在中間
縱畫出一道深到能看見乳酪的切痕。

14

在切痕淋上蜂蜜，放入預熱200℃的烤箱烘烤15
分鐘。

TITLE

保鮮盒裡誕生的麵包們

STAFF

出版	瑞昇文化事業股份有限公司
作者	Yasainohi
譯者	蔡婷朱
總編輯	郭湘齡
責任編輯	張聿雯
美術編輯	許菩真
排版	二次方數位設計　翁慧玲
製版	明宏彩色照相製版有限公司
印刷	龍岡數位文化股份有限公司
法律顧問	立勤國際法律事務所　黃沛聲律師
戶名	瑞昇文化事業股份有限公司
劃撥帳號	19598343
地址	新北市中和區景平路464巷2弄1-4號
電話	(02)2945-3191
傳真	(02)2945-3190
網址	www.rising-books.com.tw
Mail	deepblue@rising-books.com.tw
初版日期	2022年7月
定價	350元

ORIGINAL JAPANESE EDITION STAFF

撮影	清水奈緒　梅田みどり
装丁・デザイン	後藤奈穂
イラスト	macco
構成	北條芽以
校正	鈴木初江
編集	川上隆子（ワニブックス）

國家圖書館出版品預行編目資料

保鮮盒裡誕生的麵包們/Yasainohi著；
蔡婷朱譯. -- 初版. -- 新北市：瑞昇文化
事業股份有限公司, 2022.05
96面 ;18.2x25.7公分
ISBN 978-986-401-555-9(平裝)
1.CST: 麵包 2.CST: 烹飪 3.CST: 點心食
譜

439.21　　　　　　　　　111004917

國內著作權保障，請勿翻印／如有破損或裝訂錯誤請寄回更換
OUCHIDE HONKAKUPAN YAKEMASHITA by Yasainohi Bakery
Copyright © Yasainohi Bakery, 2021
All rights reserved.
Original Japanese edition published by WANI BOOKS CO., LTD
Traditional Chinese translation copyright © 2022 by RISING PUBLISHING CO.,LTD.
This Traditional Chinese edition published by arrangement with WANI BOOKS CO.,
LTD, Tokyo, through HonnoKizuna, Inc., Tokyo, and Keio Cultural Enterprise Co., Ltd.